電子工業出版社
Publishing House of Electronics Industry
北京·BEIJING

先秦面点质朴无华

现在的我们在饱食一顿后，还有餐后小甜点可以期待，但生活在先秦的古人可没有这份口福。那时还没有“点心”这一概念，人们只是把米、面混在一起制熟，当成需配菜的主食或赶路的干粮，属于很正式的食物。

我们可以根据周代的生产条件想象一下早期面点的滋味：人们吃的是粗加工的面和掺杂着谷壳的杂米，一般用火炉烤制或陶锅蒸煮，可用的调料也有限，主要是油、盐和蜂蜜。这些食物几乎没有华丽的外形，味道也很普通。

糗（qiǔ）：将米碾磨成粉末并炒熟，作为行军作战的干粮；或是加水搅拌成米糊。
糁（sǎn）：把牛、羊肉切成碎块，与熟米饭拌成一团，再放到火炉上煎熟，吃起来像烤肉味的锅巴。
蜜饵：将煮熟的黄米和稻米发酵成团，再放入蜂蜜蒸煮而成。
酏（yǐ）：将从酒中提取的天然酵母揉到面团中，等面团膨胀变软后再放到炉子上煎熟，口感香软。

魏晋点心形状多

面团三十六变

到了魏晋时期，面点样式多了起来，从寥寥几种猛增到数十种，像我们现在常吃的面条、面片、开花馒头等都是这一时期发展出来的。

八部连磨：用齿轮带动的磨盘组合，只用一头牛便能让八台小磨同时运转。

木模：魏晋时期出现了雕刻精美的木模，可以在面团上按压出精美图案。

竹杓（sháo）：一种用粗竹筒制成的圆柱形漏勺。勺底钻有小孔，将米糊或面糊倒入勺内，再从底部小孔流出，就会变成米粉或面条。

铛（chēng）：可用来烙饼或做油炸食品的平底浅锅。

赍（jī）字五色饼：当时出现了作为贡品的点心——赍字五色饼，不仅有精美的花纹，还会用植物色素染色，十分漂亮。

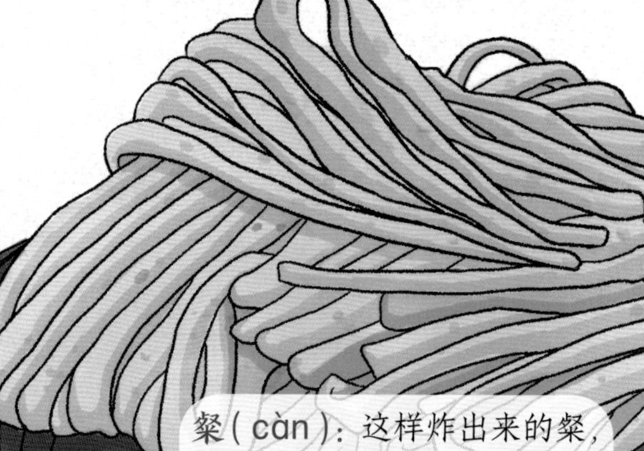

粲（càn）：这样炸出来的粲，吃起来香香脆脆的。

这个变化还要归功于当时出现的一些“神兵利器”，可以对面团进一步进行加工整形。但无论最后做出来的点心是什么形状，人们都会称其为“饼”；因此，在魏晋时期，吃面不叫“吃面”，叫“吃饼”。

绢罗：用网眼细密的绢罗将米粉筛细，再加水拌匀，得到又稀又细腻的米浆。

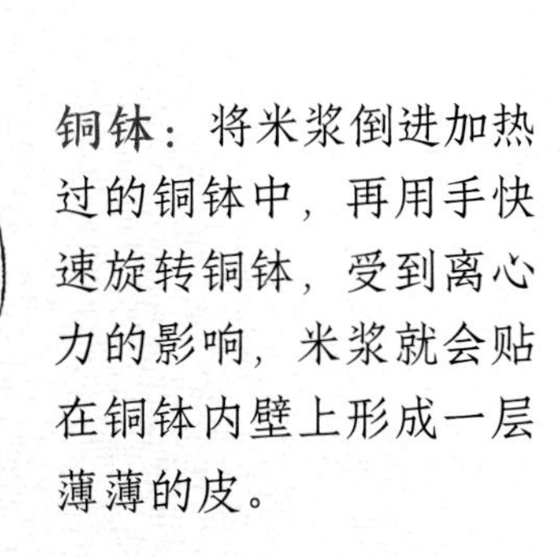

铜钵：将米浆倒进加热过的铜钵中，再用手快速旋转铜钵，受到离心力的影响，米浆就会贴在铜钵内壁上形成一层薄薄的皮。

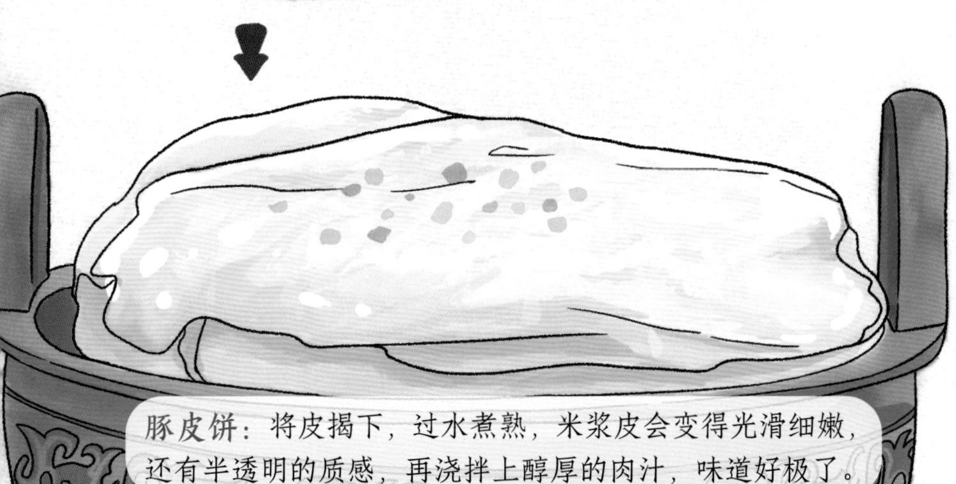

豚皮饼：将皮揭下，过水煮熟，米浆皮会变得光滑细嫩，还有半透明的质感，再浇拌上醇厚的肉汁，味道好极了。

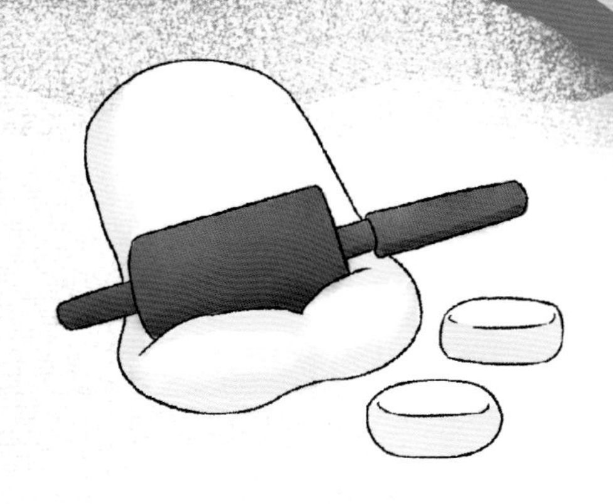

擀面杖：魏晋时期的擀面杖中间粗、两端窄。有些还带有印花，可以压出好看的面饼。

烤炉：早期的烤炉整体呈圆柱形，底部燃火，顶部烤饼。

截饼：这是一种加入动物油脂和蜂蜜混合揉成的圆饼，放在炉子上单面烘烤后，嚼起来外酥里嫩。

魏晋时期开始过节吃点心

古人探寻自然界中的变化规律，发明了历法。在遇到一些无法用当时已知的知识解释的事情时，又产生了崇拜和禁忌。后来人们将两者结合，便衍生了在固定节日做特定事情的习俗。一些现代传统节日的习俗，在魏晋时期就已经出现了，而且大多离不开“吃”。

农历 五月初五

节日起源：端午节除了纪念屈原，还和当时五月容易生疫病有关；人们为了祛灾避难，会挂艾草和菖蒲。

当日须食：粽子，也称角黍（shǔ）。黍即黄米，夏至那天，周天子要用它来祭祀。后来传入民间，与悼念屈原联系到一起，便形成了端午节食粽的习俗。

农历 九月初九

节日起源：最初是秋季民间举行丰收祭祀的节日，东汉起成为固定节日，人们在这一天插茱萸、喝菊花酒、登高、敬老等。

当日须食："蓬饵"，用黄米和稻米做成。后来，人们又在上面撒桂花、插小旗，染成彩色"花糕"。

磨面竟然能捞金？

到了唐代，吃面点几乎成为很自然平常的事情。用来磨面的小麦成为当时产量最高的谷物，面粉加工业也随之红火起来。

当时，长安城外的河渠上挤满了官营作坊的水磨，日夜不停地运作着。后来贵族和平民也纷纷加入其中。据传说，太平公主曾于寺庙内强抢石磨；将军郭子仪在征战之余还不忘命人在白渠上建两座水磨；大宦官高力士曾在长安西北的沣水上造水碾，每日能磨麦 300 斛，约为 36000 斤！

有点心自远方来

长安云集了世界多国的来客，饮食也受到一定的影响。当时流行叫作“毕罗”的点心，据推测是一种有夹心的半透明面点。长安城的面点铺子里，一半以上都卖毕罗，且口味新意十足，不但有葱味的，还有海鲜味的、水果味的……

唐代的糕点还影响着海外。据说遣唐的日本僧人就很喜欢人们喝茶时搭配的点心，还打包带回国献给王公贵族或祭祀神明。这些点心被称为“唐果子”。

给点心弄个造型

对于唐代的面点师傅来说，寻常点心已经没有了挑战性。他们先是在面点的体积上做了突破，比如有一款“张大饼”，大到能铺满好几个房间；后来又在造型上做改善，将面团捏成鸟兽和植物的形状，并染上各种颜色。

透花糍：传说虢国夫人府上有一位叫邓连的厨师。有一天他突发奇想，将红豆煮熟去皮，捣成豆沙后捏成花瓣的形状，再用糯米糍粑将其包裹起来蒸熟，最后做出来的糕点玲珑剔透，取名为“透花糍”。

汉宫棋：传说武则天十分喜欢下象棋，连做梦都在和神女对弈。面点师傅就用面粉制成棋子小饼，印上铜钱图样，再下锅煮熟。武则天果然大喜，还把它列入了国宴的菜单。

巨胜奴：这是一道只会出现在国宴上的高级油炸点心。面点师傅用蜂蜜、蔗糖浆和酥油和面，再将面团拉成长条，放到油锅中炸熟，出锅后趁热撒上黑芝麻，吃起来“咔吱”作响。

见风消：传闻唐太宗在去祭祖的路上，遇到了一家卖油糕的小店，店中出售的糕点外皮酥滑，内部柔软，入口即化，唐太宗便给它取名为“见风消”。今天陕西仍有这道糕点流传。

巨胜奴
见风消
透花糍
汉宫棋

唐代的夏天是奶味的

唐代大部分的面点都带有“酥”，这个“酥”指的是从西域传来的像黄油一样的食物，人们做菜、做糕点、吃水果，甚至喝茶时都会放上些许酥油。等到了夏天，人们还会直接将冷冻的奶酥作为解暑的甜品享用。

最早的冰激凌——酥山：在贵族们看来，酥山代表了宴席的排场，因此他们会在“山”上插花朵、树叶做装饰，或者将“山”染成红色或绿色。

1. 先将奶酥加热至半融化。

2. 拌入蔗糖浆或蜂蜜增加甜度。

3. 在盘子上滴淋成山峦的形状。

4. 最后放到冰窖里冷冻定型。

最早的酸奶捞——樱桃酪：
樱桃是大唐的知名水果，一到夏天，人们就将冰镇过的奶酥或甘蔗汁浇淋在樱桃上食用。

造型可爱的冷品——玉露团：
玉露是一种晶莹圆润的多肉植物，这道甜点就是在凝固的奶酥上雕刻出玉露的形状，再用小勺子挖着吃。

宋代点心接地气
到了宋代，点心成为可以在街头边走边吃的零食。当时，夜晚不实行宵禁，每当太阳一落山，集市上就挤满了摊贩和游客，人们边逛边吃，肆意游玩。
蝌蚪面：宋代有种高级的漏勺，人们像用搓衣板一样将面团放在漏勺上摩擦，一粒粒小面团就会掉入锅中，像蝌蚪一样在汤水中游动。
酒
馉饳（gǔ duò）儿：内部有馅料，可以油炸或水煮。由于馉饳儿煮熟后会膨胀，所以容易生气的人常被说成“馉饳儿做的——气性大”！
兜子：先将面皮摊在小盏上，放入馅料，然后把面皮揪起，在顶部攒成花状，连盏一同放入甑中蒸熟，最后倒扣在碗里，蘸调料食用。

玉灌肺：虽然名字里带有“肺”字，但其实是一道用混有芝麻、松子仁、核桃仁的面团蒸出来的点心，然后切成肺叶的形状，蘸辣汁食用。
松黄饼：将松树花碾磨成粉，和蜂蜜一起和面做成饼。
酥油鲍螺：宋代也有奶油裱花。人们将酥油添入蜂蜜和蔗糖后加热，待其凝结后，一边挤奶油，一边旋转，做成螺蛳壳的形状。

吃出个吉利

在宋代的一些重大场合里，人们为了讨个好彩头，也会吃点心。比如过生日这天，年轻人要吃形似面片的汤饼，老年人则要吃“仙桃”和“寿龟”形状的点心。龟在古代象征着长寿，仙桃则源于长生女神西王母向汉武帝赠长寿桃的传说。

我们现代人吃的生日蛋糕源自 2500 多年前古希腊人的传统。当时人们信奉月亮女神阿尔忒弥斯，会在祭坛上摆放圆形的蜂蜜蛋糕，并插上蜡烛代表月光，以庆祝她的诞辰。

在婚礼和生育等大事上，古人也会用糕点表示祝福。比如宋代男子下聘礼时，要在礼盒中放团圆饼，以求得婚事圆满。

新婚的第三天，女方家中要送蜂蜜和油做成的蒸饼，以祝福夫妻二人关系甜似蜜。

宫廷中的妃子若预产期临近，能得到十盒吃食，内含多种糕饼。其中有一道高高的“枣塔”，直到今天还能在我国北方结婚、生子时见到。

生猛的元代点心

少数民族点心百花齐放

到了元代，点心的主要口味从甜变成咸。这是因为元代是多民族融合的时期，当时境内除了汉族，还有蒙古族、女真族和回族等。所以面点的用料也大有不同，像胡椒、大蒜、洋葱、鹰嘴豆等重口味调料也会被用来做点心。而且元代人对点心的需求很实际，卖相是其次，大补才是重点，如用羊血做成的红丝面条，用黄雀的脑髓和翅膀炸成的馒头等。

古刺赤：一种类似汉堡的多层夹饼，用鸡蛋清、豆粉和奶酪摊煎几张饼摞到一起，每层中间夹有白糖和果仁。

秃秃麻失：将面团分成小块用手按成小饼后下锅煮熟，再加入羊肉放盐炒焦，最后浇淋酸汤或蒜泥，用牙签扎起来食用。

糕糜：将羊头煮烂，剔除骨头，再加入鹰嘴豆，以肉汁浸泡变软后，再依序加入糯米粉、黄油、松子仁和核桃仁，最后搅拌成团，做成肉米糊。

柿子糕：按照每 10 升糯米和 50 枚柿子干的比例，将材料捣碎成粉，再加入枣泥，用马尾编成的罗筛过后入锅加水蒸熟。然后放上松子仁和胡桃仁，再浇上蜂蜜食用。

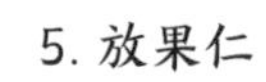

栗子糕：做法和柿子糕相似，只不过食材换成了去壳的板栗。最后做成的糕点吃起来不粘牙，松软甜蜜。

中华包子的东亚之旅

元代还进一步加强了对外国饮食习惯的影响，作为点心中的佼佼者——中华包子，便开始了它在东亚各国的“旅行”。

第一站是日本，现代日式豆沙馒头，便是由包子演变而来的。当时有一名叫林净因的俗家弟子，随日本禅师龙山德前往日本。他发现当地人不懂如何发酵面团，于是参考中国馒头的做法，将包子的肉馅儿改成日本人喜欢的豆沙馅儿，还顺手做了“磨皮美白”。

当时日本皇室贵族和幕府将军都爱极了包子，天皇一高兴，还赐给林净因一名宫女为妻。人们结婚时也会赠送他创造的红白馒头作为礼物。再后来，还在奈良建了一座“馒头神社”。

旅途第二站来到了高丽，也就是现在的朝鲜半岛，包子在当地改名换姓为“霜花”。高丽人还在馅料中加入了泡菜和粉条，做成了适宜当地的甜辣口味。

明代点心不拘一格

万物皆可做点心

明代点心极其复杂，这份“杂”首先体现在面粉原料上。当时既有玉米、甘薯传入中国，又继承了前朝少数民族食山药、栗子等食物的习惯，诞生了多种加工粉，如藕粉、莲子粉、玉米粉，等等。而且用料也很丰富，像果仁、茶叶、花瓣、香料等都会和到面团中尝试一下。

此外，明代点心的加工手法也更加丰富，增加了切片、压泥、熬膏等做法。当时还有一种流传至今的“抻面”手法，把面条缠绕在手指上，一边拉扯一边在案板上敲出“邦邦”的声响，同时保证面条不断。

玉茭白：将面团捏成茭白的形状并煎熟。由于经过两次浸蜜，最后做成的点心甜中带咸，软中带酥。

杂果糕：将炒熟的栗子、去核的柿饼拌入莲藕粉中，加入红枣、核桃仁和龙眼，捣烂成泥并晒干。最后做成的点心吃起来会融化为满嘴细腻的粉末。

玉兰花馔（zhuàn）：人们摘下玉兰花，在外面裹上一层面糊，放到油锅中炸熟食用，据说能缓解鼻炎带来的不适。

定胜糕：在江浙一带，学子参加科举考试时，亲友会赠送形状如五十两银锭的定胜糕，祝愿考生一举得中。

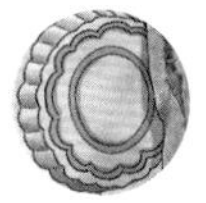

天香饼：将木樨花、孩儿茶、豆蔻、甘草末、辰砂、麝香六种药材碾成细末后，倒入煮熟的米饭中，用力捶打直至米团变得坚硬，再放到模子中印花，最后放到阴凉处自然风干。

香茶饼：明代有种可以咽下的"口香糖"，是将茶叶、桂花、沉香和檀香等原料碾磨成粉，再倒入拌有甘草汁的面糊中搅拌、晒干而成。

五白糕：用白茯苓、白山药、白莲子、白扁豆、白菊花五种食材碾粉和面蒸制而成。

吃月饼是从明代开始的

虽然赏月是自春秋时期就有的习俗，但吃月饼这件事却是从明代才开始的。唐代中秋节时人们吃的是用莲子和藕粉熬成的“玩月羹”。南宋时虽有“月饼”一词出现，却是蒸出来的糕饼，和现代的月饼很不一样。直到明代，月饼才由南自北成为节日中的固定吃食。

唐代玩月羹

中秋日，明代皇室会相聚于庭院中，摆好月饼和瓜果，等月上枝头，先焚香，再开宴，用完餐后还要用苏子叶泡过的水洗手。如果最后有吃剩的月饼，要收集起来放到干燥阴凉的地方储藏，到年末春节时再拿出来全家分食。

清代的点心盛世

清代宫廷离不开点心

点心在清代宫廷是如瓜子一样随时会吃上两口的食物。人们这么热衷于点心也是有原因的，当时施行的是一日两餐制，其他时间要是饿了，就得吃一些点心果腹。

八珍糕：大补养胃糕点，用人参、山药和扁豆等八味中药，配粳米粉和糯米粉蒸成。乾隆中晚年时，每日用完早膳，都要用 4~6 块八珍糕搭配奶茶食用。

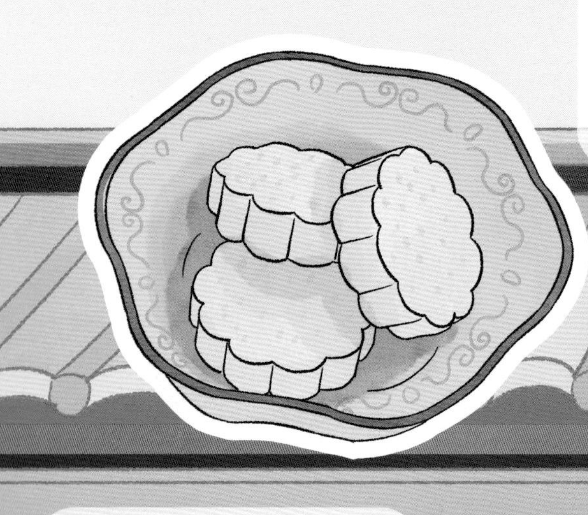

马蹄糕：乾隆皇帝最爱的点心之一。在荸荠粉中加白砂糖后蒸制而成，吃起来爽滑弹牙，就像甜甜的皮冻。

苏子叶饽饽：满族人喜欢吃用黏米做成的点心。将红小豆煮烂，用糯米或黏高粱米包好，裹上一片苏子叶，放到锅中蒸熟。由于形状像窝成一团的老鼠，也被叫作“黏耗子”。

玫瑰火饼：将胡桃仁、榛子仁、杏仁等果仁煮熟，加入薄荷和茴香后捣碎，再拌入玫瑰花酱做馅儿包饼，并在饼两面撒上芝麻，在锅中煎熟，趁热食用。

甜碗子：新采上来的果藕芽切成薄片，搭配上去籽的甜瓜瓤，冰镇后食用，可以缓解甜食的甜腻。

豌豆黄：本是民间小吃，后被御膳房加以改善，列为宫廷糕点。将豌豆去皮焖烂，再加糖炒熟，待其凝固后切成小块食用。吃起来比豆腐还要绵软，但又比豆沙密实。

萨其马：满族小吃，用冰糖、奶油和面，并堆砌成方块状，再拿到炉子上烘烤而成，由于放了大量奶、糖，热量很高。

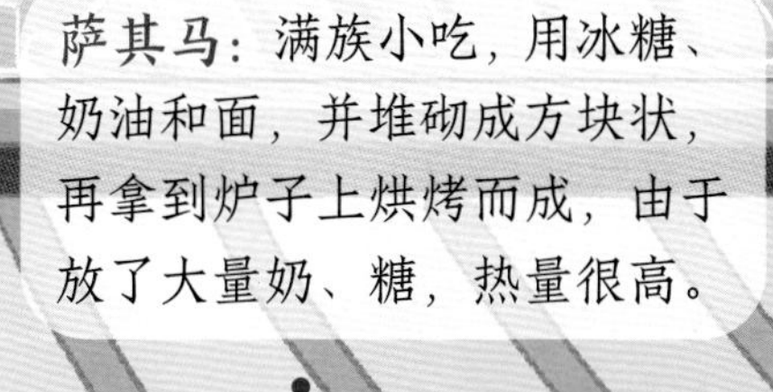

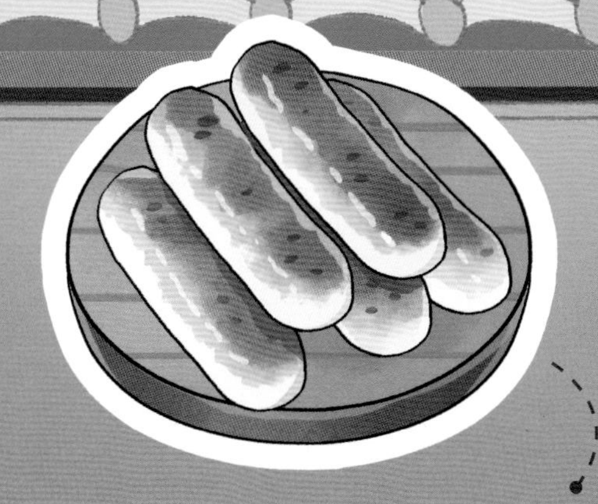

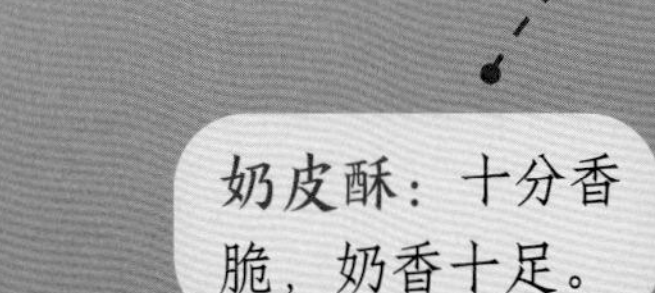

栗子玛：表面的硬壳有一层栗色的光泽，内部包裹着软糯的馅料。

奶皮酥：十分香脆，奶香十足。

白皮儿：皮酥馅糯，唇齿留香。

南北饽饽铺之争

乾隆年间，北京街头巷尾到处可见点心铺子，名声在外的铺子多达六十余家。

早期的点心铺子有南北口味之分。北方点心以咸味为主，多放奶酥和果仁。南方口味的形成则源于朱棣迁都北京时带去的十八万南方工匠。

当时卖北方点心的叫饽饽铺，卖南方点心的叫南果铺。直到咸丰年间，南北点心流派合二为一，人们总算不必为口味奔波于不同的铺子了。

三层玉带糕
绿豆糕
蒸萝卜糕
蜂糕
茯苓糕
称糕点重量的工具：买糕点时，需要用带有刻度的杆秤为其称重。将食物放在秤盘上，根据重量来回移动木杆上的秤砣。当秤砣与秤盘平衡时，砣绳卡在秤杆上的位置便代表了糕点的重量。
包装纸：普通点心在包装时用芦苇纸，里外两张交叉垫好，用纸绳捆扎。大小八件、月饼等节日礼品，则会用印有复杂图案的彩色包装纸。

京味儿到底是什么味？

清代时许多地域都形成了自己独有的点心口味。北京作为元、明、清三朝首都，曾有蒙古族、回族、满族等多个少数民族聚集此地，饮食上自然会受到影响，制作面点时常用豆面、酥油、香油、果仁和芝麻，因此点心吃起来口味偏咸、略重。

江南的流动小吃街

江南糕点拥有颜色丰富、造型精致等多种优势。当地人会从红米、鸡蛋黄和青菜中提炼出赤、黄、棕、绿等颜色，再用刷、点、印等加工手法做到糕点上。江南点心的刀工也很精巧，例如刺猬包要裁上 99 刀才能成形，是精敲细磨才能做出来的点心。

在江南水乡，人们还会坐在小船上，边赏景边吃点心。从岸边远远望去，挤满了游船的河渠就像一条流动的小吃街。

不可小觑的成都点心

在清代，成都的糕点也很受欢迎，端午节常吃的绿豆糕便源于此地。当时成都街头贩卖的点心种类数以百计，各种酥、卷、糕目不暇接。不过本地人最会吃的还要数面。比如担担面，要用酱油、蒜泥等十余种调料调味，鲜、咸、辣俱全。再如甜水面，需用带有甜味的复制酱油做成，还会撒上花生碎和花椒粉。

不爱牛排爱布丁

晚清时期，西餐从广州传入中国，清代人对西式甜点极其喜爱；其中布丁最受欢迎，用鸡蛋、油、糖和面，再加入果仁和果干蒸成，滑腻的口感让吃惯了米糕的清代人甚感新奇。那时北京西餐厅中可以尝到的布丁有十余种，一枚小小的布丁，价格和牛排价格相当。

面包：欧洲人会用苏打粉发酵面团，并添加果汁或葡萄酒，这样烤成的面包口感扎实、酸甜，清代人非常喜欢，也学着烤了起来。

饼：清代人不但喜欢吃西洋饼，还发明了铜饼夹。将夹子前端做成圆饼状，留有不到一分的开合空间，夹起面团伸到火炉中烤熟，这样饼不会烤焦。

马马来：这是一种将水果煮熟后去皮捣碎，再在上面放上奶油食用的小吃，有点像纯天然的果酱。

图书在版编目（CIP）数据

走，去古代吃顿饭. 糕点 / 懂懂鸭著. -- 北京：电子工业出版社，2022.11
ISBN 978-7-121-44427-2

Ⅰ. ①走…　Ⅱ. ①懂…　Ⅲ. ①饮食－文化－中国－古代－少儿读物　Ⅳ. ①TS971.2-49

中国版本图书馆CIP数据核字（2022）第192971号

责任编辑：董子晔
印　　刷：河北迅捷佳彩印刷有限公司
装　　订：河北迅捷佳彩印刷有限公司
出版发行：电子工业出版社
　　　　　北京市海淀区万寿路173信箱　邮编：100036
开　　本：889×1092　1/12　印张：15　　字数：134.75千字
版　　次：2022年11月第1版
印　　次：2022年11月第1次印刷
定　　价：128.00元（全5册）

凡所购买电子工业出版社图书有缺损问题，请向购买书店调换。若书店售缺，请与本社发行部联系，联系及邮购电话：（010）88254888，88258888。

质量投诉请发邮件至zlts@phei.com.cn，盗版侵权举报请发邮件至dbqq@phei.com.cn。

本书咨询联系方式：（010）88254161转1865，dongzy@phei.com.cn。